저자 소개

글 유대영

어린 시절부터 만화 가게를 놀이터 삼아 놀았고, 만화를 좋아하는 어른으로 자라 서울예술대학 재학 당시 자연스럽게 만화계에 입문했습니다. 동아출판사 공모전에서 입상을 한 뒤, 초등학교 3~6학년 영어, 미술, 국어, 체육 등 교과서 멀티미디어 개발에 참여했으며, 지금은 어린이를 위한 콘텐츠를 기획·개발하고 있습니다.

대표작으로는 『마법천자문』『위기탈출 넘버원』『좀비고등학교』『도티와 잠뜰이』『스페셜 솔져』『겜블링 공룡대전』『1박 2일』『지식해적단』 등이 있습니다.

저자 소개

金才熙

그림 김재희

따뜻하고 귀여운 그림으로 복잡하고 어려운 정보를 쉽고 재미있게 전달하는 작가입니다.

한국예술종합학교에서 애니메이션을 전공하였으며, 일상의 소중함과 행복을 담뿍 담은 스토리텔링을 좋아합니다. 그린 책으로는 『냥냥이와 어휘로 쏙』『국립과천과학관 어린이 과학 시리즈: 사이다』『국립과천과학관 초등 교과서 과학 실험: 과학 수사 1, 2』『EBS 중학수학 유형 레시피 1, 2, 3』『EBS 중학과학 개념 레시피: 생명과학·지구과학』『EBS 중학과학 개념 레시피: 물리·화학』 등이 있습니다.

초등 한자 일력

1판 1쇄 펴냄 | 2023년 10월 25일

글 유대영　**그림** 김재희　**발행인** 김병준　**편집** 박유진　**디자인** 권성민
마케팅 김유정, 차현지　**발행처** 상상아카데미　**등록** 2010. 3. 11. 제313-2010-
77호　**주소** 서울시 마포구 독막로6길 11(합정동), 우대빌딩 2, 3층
전화 02-6953-8343(편집), 02-6925-4188(영업)　**팩스** 031-6925-4182
전자우편 main@sangsangaca.com　**홈페이지** http://sangsangaca.com

ISBN 979-11-85402-14-7 (12590)

하루 한 자로 과목별 어휘 완전 정복

한자 1개마다 초등 교과목 어휘 2개씩!
한자로 교과 공부까지 완전 정복!

5월
29일

光

과학

빛 광

광원(光源) 스스로 빛을 발하는 물체를 통틀어 이르
는 말.

광년(光年) 빛이 진공 속을 일 년 동안 진행하는 거
리를 나타내는 단위.

호언장담

豪 言 壯 談

호걸 **호**   말씀 **언**   장할 **장**   말씀 **담**

• 호기롭고 자신 있게 말함.

한자 급수 시험 8급~6급 완벽 대비

초등 필수 한자 300개로
한자 급수 시험 6급까지 완전 정복

11월
22일

夏

여름 하

실과

하지(夏至)   일 년 중 낮이 가장 길고 밤이 가장 짧다는 날.

춘하추동(春夏秋冬)   봄, 여름, 가을, 겨울.

후회막급

사자성어

後 悔 莫 及

뒤 **후** 뉘우칠 **회** 없을 **막** 미칠 **급**

· 일이 잘못된 뒤에 아무리 뉘우쳐도 어찌할 수가 없음.

이 책의 구성

누를 황

주황색(朱黃色)   빨강과 노랑의 중간 색깔.

황금 비율(黃金 比率)   조각, 회화, 공예 따위에서 가장 조화롭다고 여겨지는 비율.

1월

畫

그림 **화**

명화(名畫) 아주 잘 그려서 유명한 그림.

수묵화(水墨畫) 먹으로만 그린 그림.

날 일

일기(日記)   날마다 자신이 겪은 일이나 생각, 느낌
따위를 사실대로 적은 기록.

휴일(休日)   일을 하지 않고 쉬거나 노는 날.

 흰 백

흑백(黑白)   검고 흰.

백발(白髮)   흰 머리.

사귈 교

교우(交友)　　　친구를 사귀는 것.

교류(交流)　　　문화나 사상 따위가 서로 오가는 것.

푸를 청

청록(青綠) 청색을 띠는 녹색.

청록산수(青綠山水) 화려하고 장식적인 채색 산수화.

校

학교 교

교문(校門)   학교 정면에 있는 출입문.

교복(校服)   학교에서 정하여 학생들이 입는 옷.

25일

미술

다섯 오

오색(五色) 청색, 백색, 적색, 흑색, 황색의 다섯 가지 빛깔.

오방색(五方色) 동, 서, 남, 북과 중앙에 해당하는 다 섯 가지 빛깔.

가르칠 교

교육(教育)   지식이나 기술을 가르치며 인격을 길러 주는 것.

교재(教材)   교육과 학습에 쓰이는 여러 가지 재료.

미술

色

빛 색

색연필(色鉛筆)　빛깔이 있는 심을 넣어 만든 연필.

채색(彩色)　그림에 색을 칠함.

科

과목 과

과목(科目)　　학생들이 익혀야 할 학문과 지식·기술 등을 구분한 교과 영역.

과정(科程)　　일정 기간 중에 교육하거나 학습해야 할 과목의 내용과 분량.

미술

아름다울 미

미인도(美人圖) 아름다운 여성을 그린 그림.

미학(美學) 자연이나 예술 작품의 아름다움을 연구하는 학문.

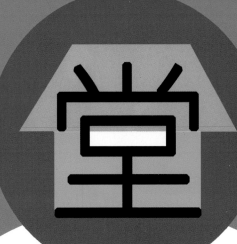

집 당

강당(講堂)　　대규모 강의나 강연, 행사를 위하여 마련된 건물.

식당(食堂)　　음식 따위를 만들어 파는 가게.

禄

GREEN

푸를 록

초록(草綠)   풀과 같이 푸른 빛깔을 띠는 녹색.

백록(白綠)   흰빛을 띤 녹색.

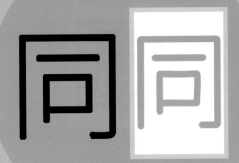

한가지 동

동창(同窓) 같은 학교나 선생님 밑에서 함께 공부하거나 배움.

동갑(同甲) 같은 나이를 이르는 말.

그림 도

도화지(圖畵紙)　　그림을 그리는 데 쓰는 종이.

산수도(山水圖)　　동양화에서 자연의 풍경을 그린 그림.

오를 등

등교(登校)　학교에 감.

등록(登錄)　허가나 인정을 받기 위해 단체나 기관의
　　　　　　　문서에 이름을 올림.

느낄 감

| 감동(感動) | 깊이 느껴 마음이 움직임. |
| 감각(感覺) | 신체 기관을 통하여 안팎의 자극을 느끼거나 알아차림. |

설 립

설립(設立)   기관이나 조직체 따위를 만들어 일으킴.

수립(樹立)   국가나 정부, 제도, 기구, 단체 따위를 이
룩하여 세움.

합할 합

합창(合唱)	여러 사람이 목소리를 맞추어 같은 선율을 노래함.
합주(合奏)	두 개 이상의 악기를 동시에 연주함.

이름 명

명언(名言)   사리에 맞는 훌륭한 말.

명작(名作)   이름이 널리 알려진 훌륭한 작품.

진수성찬

珍 羞 盛 饌

보배 **진** 부끄러울 **수** 성할 **성** 반찬 **찬**

• 푸짐하게 잘 차린 맛있는 음식.

고진감래

苦 盡 甘 來

쓸 고   다할 진   달 감   올 래

• 쓴 것이 다하면 단 것이 옴.
• 고생 끝에 즐거움이 옴을 뜻하는 말.

언중유골

言 中 有 骨

말씀 **언** 가운데 **중** 있을 **유** 뼈 **골**

- 말속에 뼈가 있다는 뜻.
- 말에 뜻이 있음을 비유적으로 이르는 말.

갑론을박

甲 論 乙 駁

갑옷 **갑**   논할 **론**   새 **을**   논박할 **박**

- 여러 사람이 서로 자신의 주장을 내세우며 상대편의 주장을 반박함.

소리 음

음표(音標)　　악보에서 음의 길이와 높낮이를 나타내는 기호.

음계(音階)　　음을 높이의 차례대로 늘어놓은 음의 층계.

문 문

대문(大門) 집 바깥으로 통하게 하기 위해 만든 커다란 문.

입문(入門) 어떤 학문에 처음 들어감.

약할 약

강약기호(强弱記號) 악보에서, 음의 세기와 그 변화를 지시하는 부호.

약박(弱拍) 한 개의 마디 안에서 센박 다음의 여린 박자.

물을 문

문제(問題)   해답을 요구하는 물음.

질문(質問)   모르는 점을 물어 대답을 구함.

나무 목

목관악기(木管樂器)   목재를 재료로 하여 만든 관악기.

목탁(木鐸)   승려가 독경이나 염불할 때에 두드려 소리를 내는 물건.

물건 물

건물(建物)   사람이 살거나 물건을 넣어 두기 위해 지은 집.

준비물(準備物)   어떤 일을 하기 위하여 미리 준비해야 할 물건.

노래 악

음악(音樂) 박자, 가락, 음성, 화성 따위의 형식을 사용하여 목소리나 악기로 감정을 나타내는 예술.

악보(樂譜) 음악을 기호, 문자, 숫자 따위를 이용하여 기록한 것.

나눌 반

반장(班長)   반을 대표하는 일을 맡은 사람.

합반(合班)   두 반 이상을 합함.

노래 가

가요(歌謠)	많은 사람이 즐겨 듣거나 부를 수 있도록 만들어진 노래.
가사(歌詞)	가곡이나 오페라 등에서 노래의 내용이 되는 글.

놓을 방

방송(放送) 전파나 유선을 이용하여 음성이나 영상을 널리 보냄.

방학(放學) 학교에서 여름과 겨울 등 수업을 일정 기간 동안 쉬는 일.

몸 체

체조(體操) 신체의 발육과 건강을 위하여 몸을 조직 적으로 움직이는 운동.

체육(體育) 운동을 통해 신체를 튼튼하게 단련시키 는 일.

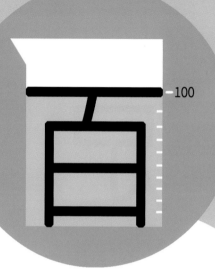

일백 백

백과사전(**百**科事典) 다양한 지식과 정보를 항목
마다 풀이한 사전.

백일(**百**日) 아이가 태어나서 100일째가 되는 날.

발 족

족구(足球)　　두 팀이 발로 공을 차 네트를 넘겨 승부
를 겨루는 경기.

역부족(力不足)　　힘이나 기량이 미치지 못함.

글 서

낙서(落書)　글씨나 그림 따위를 장난처럼 아무데나 함부로 씀.

교과서(敎科書)　학교에서 정규 과목의 교재로 쓰는 책.

앞 전

전진(前進)   움직여서 앞으로 나아감.

전반전(前半戰)   경기 시간을 둘로 나누었을 때 앞의
절반 동안의 경기.

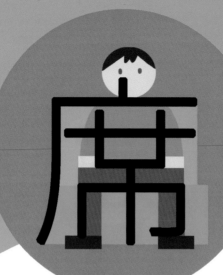

자리 석

결석(缺席)	수업이나 모임 따위에 참석하지 않음.
출석(出席)	수업이나 모임 따위에 나가 참석함.

옮길 운

운동(運動)   건강을 목적으로 몸을 움직이는 일.

운동장(運動場)   체육이나 오락을 하도록 설비를 갖
춘 일정한 장소.

먼저 선

선생(先生)   학생을 가르치는 사람을 이르는 말.

솔선(率先)   남보다 앞장서서 일을 함.

길 영

영구치(永久齒)   젖니가 빠진 뒤에 나는 이와 뒤어금
니를 통틀어 이르는 말.

영원(永遠)   길고 오랜 세월.

成

이룰 성

성장(成長) 사람이나 동식물이 자라서 몸무게가 늘거나 키가 커짐.

성공(成功) 목적하는 바를 이룸.

주경야독

晝 耕 夜 讀

낮 **주**   밭갈 **경**   밤 **야**   읽을 **독**

- 낮에는 농사짓고, 밤에는 글을 읽음.
- 어려운 여건 속에서도 꿋꿋이 공부함을 이르는 말.

군계일학

群 鷄 一 鶴

무리 **군**　닭 **계**　한 **일**　학 **학**

- 닭의 무리에서 한 마리의 학.
- 많은 사람 가운데서 뛰어난 인물.

조삼모사

朝 三 暮 四

아침 **조**   석 **삼**   저물 **모**   넉 **사**

- 자신의 이익을 위해 간사한 꾀로 남을 속여 농락함을 이르는 말.
- 중국 송나라 때 원숭이들의 먹이가 부족하여 생각해 낸 방법으로 전해짐.

결자해지

結 者 解 之

맺을 **결** 놈 **자** 풀 **해** 갈 **지**

- 맺은 사람이 풀어야 함.
- 자기가 저지른 일은 자기가 해결하여야 함을 이르는 말.

몸 신

신체(身體)   사람의 몸.

호신술(護身術)   자기의 몸을 보호하기 위한 무술.

1 2 3 4 5

비로소 **시**

시작(始作)	어떤 일이나 행위를 처음으로 함.
창시(創始)	어떤 사상이나 학설 따위를 처음으로 시작하거나 내세움.

力

힘

근력(筋力)   근육의 힘. 또는 그 힘의 지속성.

체력(體力)   육체적인 활동을 할 수 있는 힘.

믿을 신

신호등(信號燈)　도로에 설치해 교통 신호를 알리기
위하여 켜는 등.

자신감(自信感)　스스로의 능력으로 충분히 할 수 있
다고 믿는 마음.

머리 두

선두(先頭) 대열이나 행렬 또는 어떤 활동의 맨 앞.

두건(頭巾) 헝겊 따위로 만들어 머리에 쓰는 물건.

새 신

신학기(新學期) 　새로 시작되는 학기.

신문(新聞) 　세상에서 일어나는 사건이나 사실을 알리는 간행물.

대할 대

대항전(對抗戰)   운동 경기에서, 승부를 겨루기 위하여 서로 맞서서 싸움.

상대편(相對便)   서로 맞서거나 마주하고 있는 맞은편의 사람.

집 실

교실(敎室)   학생들이 수업하는 방.

과학실(科學室)   과학 실험을 하거나 실험 도구가 구
비되어 있는 교실.

12월

꽃부리 영

영어(英語) 인도·유럽 어족 게르만 어파의 서게르만 어군에 속하는 언어.

영특(英特) 뛰어나게 똑똑하고 영리함.

짧을 단

단거리(短距離) 짧은 거리.

단축(短縮) 짧게 줄임.

長

길 **장**

연장(延長) 공간적 길이나 시간을 일정 기준보다 늘림.

장화(長靴) 목이 무릎 언저리까지 올라오는 신.

急

급할 급

구급상자(救急箱子)　　　급한 상황에 놓인 환자를
　　　　　　　　　　　　　　치료할 약을 넣어 두는 상자.

응급조치(應急措置)　　　위급한 일을 우선 임시로
　　　　　　　　　　　　　　처리함.

아침 조

조회(朝會)	학교나 관청에서 아침에 인사나 전달 사항 등을 알리기 위하여 한자리에 모이는 일.
조식(朝食)	아침에 먹는 밥.

쉴

연휴(連休)　　　이틀 이상 잇달아 이어지는 휴일.

휴식(休息)　　　일을 하는 도중에 잠깐 쉼.

2월

실과

꽃 **화**

화초(花草) 꽃이 피는 풀과 나무.

화단(花壇) 화초를 심기 위하여 흙을 약간 높게 쌓아
만든 꽃밭.

낮 주

주야(晝夜)　　　　　낮과 밤을 아울러 이르는 말.

주광색(晝光色)　　　조명에서 햇빛에 가까운 색.

접수번호

號

이름 호

칭호(稱號)　　　어떠한 뜻으로 일컫는 이름.

암호(暗號)　　　비밀을 유지하기 위하여 꾸민 부호나 신호.

부을 주

주목(注目)　　관심을 가지고 주의하여 보거나 살핌.

주사(注射)　　액으로 된 약을 주사기에 넣어 혈관 속에
　　　　　　　　주입함.

실과

형 (형)

형제(兄弟)　　　형과 아우.

사형(師兄)　　　학자나 문인끼리 서로 높여 부르는 말.

가운데 중

중간(中間)   어떤 일이 아직 끝나지 않아 진행 중인
상황.

중학교(中學校)   초등학교 졸업 후 3년간의 중등교육
을 실시하는 학교.

점입가경

漸 入 佳 境

점점 **점**　들 **입**　아름다울 **가** 지경 **경**

- 일이 점점 더 재미있는 지경으로 돌아가는 것을 비유적으로 이르는 말.
- 시간이 지날수록 하는 짓이나 몰골이 더욱 꼴불견임을 비유적으로 이르는 말.

마이동풍

馬 耳 東 風

말 마 　 귀 이 　 동녘 동 　 바람 풍

• 남의 말을 귀담아 듣지 않고 흘려버림.

청산유수

青 山 流 水

푸를 **청**　메 **산**　흐를 **유**　물 **수**

• 푸른 산에 흐르는 맑음 물.
• 막힘없이 말을 잘하는 것을 비유하여 이르는 말.

경거망동

輕 擧 妄 動

가벼울 **경**   들 **거**   망령될 **망** 움직일 **동**

· 경솔하여 생각 없이 망령되게 행동함.

여름 하

하지(夏至)　　일 년 중 낮이 가장 길고 밤이 가장 짧다
는 날.

춘하추동(春夏秋冬)　　봄, 여름, 가을, 겨울.

친할 친

친구(親舊)	오래도록 친하게 사귀어 온 사람.
친척(親戚)	자신과 혈연적으로 관계가 있는 사람들.

봄 춘

입춘(立春)   일 년 중 봄이 시작한다는 날.

춘추(春秋)   봄과 가을.

배울 학

입학(入學)   공부를 할 목적으로 학교에 들어감.

개학(開學)   방학이나 휴교 등으로 한동안 쉬었던 수
업을 다시 시작함.

秋

가을 추

추석(秋夕)　　우리나라 명절의 하나.

입추(立秋)　　일 년 중 가을이 시작되는 날.

가르칠 훈

급훈(級訓)   학급에서 교육 목표로 내세운 가르침.

교훈(敎訓)   일상생활에 지침이 될 가르침.

실과

마디 촌

촌수(寸數)   친족 사이의 멀고 가까운 정도를 나타내
는 수.

사촌(四寸)   부모의 형제, 자매의 아들이나 딸을 촌수
로 따져서 이르는 말.

살 활

생활(生活) 생명이 있는 동안 살아서 경험하고 활동
함.

활동(活動) 일정한 성과를 거두기 위해 어떤 일을 활
발히 함.

창 **창**

창구(窓口) 중간에서 양쪽을 이어주는 것을 비유적
으로 이르는 말.

유리창(琉璃窓) 유리를 낀 창문.

모일 회

회의(會議) 여럿이 모여 의논함.

박람회(博覽會) 다양한 물품을 전시하고 발전시키며
관람하는 전시회.

살 주

거주(居住)   일정한 곳에 자리를 잡고 머물러 삶.

주소(住所)   집이나 회사, 기관 따위를 행정 구역으로
나타낸 것.

강할 강

강조(強調)	어떤 부분을 강하게 주장하거나 두드러 지게 함.
강행(強行)	어려움을 무릅쓰고 일을 행함.

실
과

아우 제

자제(子弟)   남의 자녀를 높여 이르는 말.

제자(弟子)   지식이나 덕을 갖춘 사람에게서 가르침
을 받는 사람.

果

실과 과

결과(結果) 어떤 원인으로 이루어진 일의 상황이나 상태.

과실(果實) 먹을 수 있는 열매.

뜰 **정**

가정(家庭) 부부를 중심으로 자녀와 함께 살아가는
공간.

친정(親庭) 결혼한 여자의 부모 형제가 살고 있는
집.

이제 금

지금(只今)　　말하고 있는 바로 이때.

금방(今方)　　말하고 있는 때보다 바로 조금 전에.

실과

재주 재

재능(才能)   재주와 능력을 아울러 이르는 말.

재치(才致)   어떤 상황에서 일을 눈치 빠르고 슬기롭
게 처리하는 솜씨.

級

1

2

3

등급 급

등급(等級)   높고 낮음, 좋고 나쁨을 여러 단계로 나누는 구분.

급수(級數)   능력이나 기술 따위의 높고 낮음에 따른 등급.

지을 작

창작(創作)   예술 작품을 짓거나 표현함.

작업(作業)   계획에 따라 육체적이거나 정신적인 일
을 함.

記

기록할 기

기록(記錄)   주로 후일에 남길 목적으로 어떤 사실을 적음.

암기(暗記)   기억할 수 있도록 외움.

전전긍긍

戰 戰 兢 兢

싸움 전 싸움 전 떨릴 긍 떨릴 긍

• 몹시 두려워서 벌벌 떨며 조심함.

용두사미

龍 頭 蛇 尾

용 용　　머리 두　　뱀 사　　꼬리 미

- 시작은 거창하지만, 끝이 보잘 것 없고 초라함.
- 범의 머리에 뱀의 꼬리가 달려 있음.

천고마비

天 高 馬 肥

하늘 천　높을 고　말 마　살찔 비

- 하늘은 높고 말이 살찜.
- 가을의 풍성함을 가리키는 말.

고군분투

孤 軍 奮 鬪

외로울 **고**　군사 **군**　떨칠 **분**　싸움 **투**

- 따로 떨어져 도움을 받지 못하게 된 군사가
  많은 수의 적군과 용감하게 잘 싸움.

아들 자

자녀(子女) 아들과 딸.

유전자(遺傳子) 유전 형질을 규정하는 인자.

多

많을 다

다소(多少)   적기는 하지만 어느 정도.

다작(多作)   문학이나 미술 따위의 작품을 많이 창작
함.

들입

수입(輸入) 외국의 물품을 사들임.

입금(入金) 목적에 따라 예금을 하거나 돈을 들여놓음.

기다릴 **대**

초대(招待)   어떤 모임에 참석해 줄 것을 청함.

기대(期待)   어떤 일이 원하는 대로 되기를 바라고 기
다림.

두이

십이월 (十二月)   한 해의 맨 마지막 달.

이모작 (二毛作)   같은 경작지에서 작물을 일 년에 두 번 재배하는 방법.

讀

읽을 독

독서(讀書)   책을 읽음.

구독(購讀)   신문이나 잡지, 책 따위를 읽고 보는 것.

衣

옷 의

의상(衣裳)   특정한 용도에 입는 '옷가지'를 이르는 말.

의식주(衣食住)   사람이 생활하는 데 기본이 되는 옷과 음식과 집을 이르는 말.

아이 동

동시(童詩) 어린이가 지은 시.

동화(童話) 어린이를 위해 쓴 산문 문학의 한 갈래.

마실 음

음료(飮料) 　사람이 마시는 액체를 통틀어 이르는 말.

음식(飮食) 　사람이 먹고 마실 수 있도록 만든 모든
　　　　　　　것.

눈 목

목차(**目**次) 책 첫머리에 책 내용의 제목을 차례대로
적은 것.

종목(種**目**) 특정한 갈래에 따라 나눈 항목.

실과

育

기를 육

보육(保育)   어린아이를 보호하고 기름.

체육(體育)   일정한 운동을 통해 신체를 튼튼하게 단
련시키는 일.

글월 문

| **문법(文法)** | 언어의 구성 및 운용상의 규칙. |
| **문학(文學)** | 사상이나 감정을 언어로 표현한 예술. |

실과

업 업

학업(學業)　　공부하여 배움을 닦는 일.

직업(職業)　　개인이 사회생활을 영위하며 수입을 얻
　　　　　　　　는 목적의 사회 활동.

들을 문

견문(見聞) 보고 들어서 지식을 얻음.

소문(所聞) 여러 사람의 입에 오르내리며 세상에 떠도는 소식.

실과

밤 야

야간(夜間) 해가 진 뒤부터 먼동이 트기 전까지의 동안.

야시장(夜市場) 밤에 열리는 시장.

성씨 박

순박(淳朴)　　순수하고 꾸밈이 없음.

소박(素朴)　　거짓이나 꾸밈이 없이 순수하고 자연스
　　　　　　　러움.

밥 식

급식(給食)   학교나 군대, 공장 따위에서 그 구성원에게 식사를 제공함.

숙식(宿食)   잠을 자고 밥을 먹음.

反

돌이킬 반

반대(反對)   무언가가 서로 맞서는 상황을 말함.

반칙(反則)   정해 놓은 법칙이나 규정 따위를 어김.

실과

手

손 수

수단(手段)　　　목적하는 바를 이루기 위한 도구나 방법.

수수료(手數料)　　어떤 일을 맡아 처리해 준 대가로 주
　　　　　　　　　　는 요금.

풍전등화

風 前 燈 火

바람 **풍**   앞 **전**   등 **등**   불 **화**

- 바람 앞의 등불이란 뜻으로 위급한 처지를 이르는 말.
- 비슷한 말로는 풍전등촉(風前燈燭)이 있음.

11월

교우이신

交 友 以 信

사귈 교   벗 우   써 이   믿을 신

• 벗을 사귐에 믿음으로써 함을 이르는 말.

전대미문

前 代 未 聞

앞 **전** 대신할 **대** 아닐 **미** 들을 **문**

· 이제까지 들어 본 적이 없음.

○○○ 선수가
마라톤 대회에서
전대미문한 기록으로
골인하고 있습니다!

3월

적자생존

適 者 生 存

맞을 **적**   놈 **자**   날 **생**   있을 **존**

• 자연에서 환경에 적응하는 것만 살아남는것을 뜻하는 말.

삼일절

석 **삼** 한 **일** 마디 **절**

'삼일절'은 '3월 1일을 기념하는 날'이라는 뜻이랍니다.

實科

樹

나무 수

과수원(果樹園)   과실나무를 전문적으로 재배하는 시설.

수목원(樹木園)   관찰이나 연구의 목적으로 나무들을 수집하여 재배하는 시설.

사랑 애

우애(友愛)   형제 사이의 정과 사랑.

애교(愛嬌)   남에게 귀엽게 보이려는 태도.

실과

孫

손자 손

후손(後孫) 여러 대(代)가 지난 뒤의 자손.

손자(孫子) 아들의 아들.

말씀어

국어(國語)   우리나라의 언어.

단어(單語)   분리해서 자립적으로 쓸 수 있는 말의 최소 단위.

사라질 소

소비자(消費者)　　물건을 사거나 쓰는 사람.

소식(消息)　　사람의 안부나 일의 형세 따위를 알리는
　　　　　　　　말이나 글.

말씀 언

발언(發言)   생각이나 의견 따위를 드러내어 말함.

언어(言語)   의사를 소통하기 위한 소리나 문자 따위
의 수단.

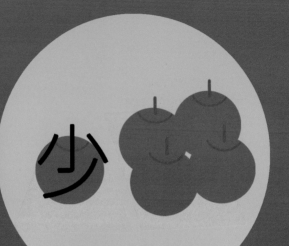

적을 소

청소년(靑少年)　　미성년의 젊은이들을 통틀어서 이르
는 말.

최연소(最年少)　　무리 중에서 가장 적은 나이.

者

놈 자

저자(著者)   책이나 글을 지은 사람.

학자(學者)   일정한 분야에 연구로 학문의 발전에 이
바지하는 사람.

저녁 석

추석(秋夕)　　우리나라 명절의 하나.

석양(夕陽)　　해가 질 무렵의 해.

글자 자

자막(**字**幕) 화면에서 읽을 수 있게 보이는 글자.

문자(文**字**) 말을 눈으로 읽을 수 있게 나타낸 기호.

실
과

죽을 사

사인(死因)   죽은 원인.

자연사(自然死)   병이나 사고가 아닌 기력이 쇠약하
여 사망함.

어제 작

작금(昨今)	어제와 오늘을 아울러 이르는 말.
작년(昨年)	올해의 바로 앞의 해.

실
과

하여금

사용(使用)   사물을 필요로 하거나 소용이 되는 곳에 씀.

행사(行使)   어떤 사람이나 단체에 강제적인 힘을 따르게 하는 것.

글**장**

문장(文章)	일반적으로 어, 구, 절과 함께 문법을 나타내는 언어 단위.
도장(圖章)	이름이나 글자를 새겨 증명을 나타내는 물건.

실과

服

옷 복

복식(服飾)   옷의 꾸밈새.

의복(衣服)   몸을 위하여 천이나 가죽 따위로 만들어 입는 물건.

온전할 전

전교(全校)   한 학교의 전체.

안전(安全)   위험이 생기거나 사고가 날 염려가 없이
편안한 상태.

쌀 미

미음(米飮) 쌀이나 좁쌀에 물을 많이 넣고 끓인 음
식.

현미(玄米) 벼의 겉껍질만 벗겨 낸 쌀.

제목 제

제목(題目)　　　작품을 대표하기 위하여 붙이는 이름.

숙제(宿題)　　　학교에서 배운 것의 복습과 예습 따위의
　　　　　　　　　학습을 목적으로 내 주는 과제.

매양 매

매년(每年)   한 해, 한 해의 모든 해마다.

매일(每日)   하루하루 각각의 날.

종이 **지**

편지(便紙)   상대편에게 소식이나 안부 따위를 적어
보내는 글.

시험지(試驗紙)   시험 문제가 쓰여 있는 종이.

작심삼일

作 心 三 日

지을 **작** 마음 **심** 석 **삼**   날 **일**

- 단단히 먹은 마음이 사흘을 가지 못함.
- 결심이 굳지 못함을 이르는 말.

감언이설

甘言利說

달 **감** 말씀 **언** 이로울 **이** 말씀 **설**

• 달콤한 말과 이로운 조건을 내세워 사람을 꾀는 말.

약육강식

弱 肉 强 食

약할 **약**　고기 **육**　강할 **강**　밥 **식**

• 약한 자가 강한 자에게 지배됨을 비유하는 말.

구사일생

九 死 一 生

아홉 **구** 죽을 **사** 한 **일** 날 **생**

- 아홉 번 죽을 뻔하다 한 번 살아남.
- 죽을 고비를 여러 차례 넘기고 겨우 살아남을 이르는 말.

老

늙을 노/로

노인(老人)   나이가 많이 들어 늙은 사람.

백년해로(百年偕老)   부부가 되어 평화롭게 살면서 함께 늙음.

맑을 **청**

청소(淸掃)   더럽거나 어지러운 것을 치워 깨끗이 함.

청명(淸明)   일 년 중 날이 가장 맑다는 때.

불**화**

화력 발전(火力 發電)   화력 발전으로 전력을 발생
시키는 방식.

화기(火器)   화약의 힘으로 발사되는 병기.

풀 **초**

기초(起草)   글의 초안을 잡음.

초고(草稿)   시나 문장의 초벌 원고.

아래 하

지하철(地下鐵)　　땅속으로 굴을 파서 설치한 철도.

지하도(地下道)　　땅 밑으로 낸 길.

겉 표

표지(表紙)   책의 앞뒤 겉장.

계획표(計劃表)   계획을 적어 놓은 표.

편할 편

편의점(便宜店) 오랜 시간 동안 또는 종일 영업을 하는 잡화 상점.

항공편(航空便) 항공기가 오고 가는 그 편.

漢

한수 한

한자(漢字)　중국에서 만들어져서 사용되는 표의 문
자.

문외한(門外漢)　어떤 일에 전문적 지식이나 조예가
없는 사람.

기술

통할 통

통신(通信) 우편, 전신, 전화 따위로 정보나 의사를 주고받음.

교통(交通) 탈것을 이용하여 사람이나 짐이 이동하는 일.

나타날 현

출현(出現)   숨겨져 있던 것이 나타나 드러남.

표현(表現)   생각이나 감정 따위를 말이나 행동으로
　　　　　　　나타냄.

發

필 발

발견(發見) 미처 보지 못했던 사물이나 알려지지 않은 사실을 찾아냄.

발명(發明) 전에 없던 물건이나 방법 등을 새로 만들어 냄.

말씀 화

화자(話者)　　　말하는 사람.

대화(對話)　　　서로 마주하여 이야기를 주고받음.

각각 각

각자(各自)   각각의 사람 자신.

각종(各種)   여러 가지 종류의 뜻을 나타내는 말.

뒤 후

독후감(讀後感)   책을 읽고 난 후의 느낌을 쓴 글.

후기(後記)   글의 본문 끝에 덧붙여 씀.

기름 유

석유화학(石油化學) 원유 또는 천연가스를 원료로 화학제품을 만드는 공업.

유조선(油槽船) 유조 시설을 갖추고 석유나 천연가스 따위를 나르는 배.

집 가

가족(家族) 부부를 중심으로 하여 아들, 딸, 손자, 손녀 따위로 구성된 집단.

국가(國家) 일정한 영토에 사는 사람들로 구성되고, 주권을 가진 집단.

醫

의원 의

의술(醫術)   병이나 다친 곳을 고치는 기술.

수의학(獸醫學)   가축의 질병 치료와 위생 관리, 품종 개량 따위를 연구하는 학문.

있을 재

잠재력(潛在力)　겉으로 드러나지 않고 숨겨져 있는 힘.

존재감(存在感)　사람이나 사물이 실제로 있는 느낌.

가술

제약(製藥)   약재를 가공하여 약을 만듦.

약학(藥學)   의약품에 필요한 기초 학문을 체계화한
종합 과학.

편안 안

안보(安保) 　다른 나라의 침략이나 위협으로부터 국가와 국민을 지키는 일.

치안(治安) 　국가와 사회의 안녕과 질서를 유지하고 보전함.

자승자박

自 繩 自 縛

스스로 **자** 노끈 **승** 스스로 **자** 얽을 **박**

- 자기의 줄로 자기 몸을 옭아 묶음.
- 자기가 한 말과 행동에 자기 자신이 옭혀 곤란하게 됨을 비유적으로 이르는 말.

동문서답

東 問 西 答

동녘 **동** 물을 **문** 서녘 **서** 대답할 **답**

- 동쪽을 묻는데 서쪽을 답함.
- 물음과는 전혀 상관없는 엉뚱한 대답.

온고지신

溫 故 知 新

따뜻할 **온** 연고 **고** 알 **지** 새 **신**

• 옛것을 익히고 그것을 통하여 새것을 앎.

만장일치

滿 場 一 致

찰 **만**　마당 **장**　한 **일**　이를 **치**

· 모든 사람의 의견이 같음.

사이 간

공간(空間)	아무것도 없는 빈 곳.
간격(間隔)	그다지 멀리 떨어져 있지 않은 두 대상 사이의 거리.

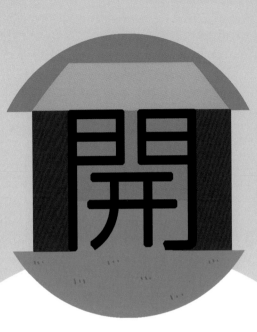

열 개

개최(開催)	모임이나 행사 따위를 주최하여 엶.
개교(開校)	학교를 새로 세워 학교 업무를 시작함.

기술

재주 술

수술(手術) 외과 기구로 몸의 일부를 절개하여 병을
치료함.

처세술(處世術) 세상일 또는 사람과의 관계를 풀어
가는 수단과 방법.

공평할 공

공공(公共)	사회의 일반 구성원에게 공동으로 속하여 관계되는 것.
공리(公理)	일반적으로 널리 통용되는 진리나 도리.

개천절

開 天 節

열 개 하늘 천 마디 절

'개천절'은 '하늘이 열린 날'이라는 뜻이랍니다.

공공

공로(功勞)   어떤 목적을 이루는 데에 들인 노력이나
                수고.

공적(功績)   공로의 실적.

기술

事

일사

| **사물(事物)** | 일과 물건을 아울러 이르는 말. |
| **사업(事業)** | 생산과 영리를 목적으로 하는 경제 활동. |

입구

인구(人口) 한 나라 또는 일정 지역 안에 사는 사람의 총수.

항구(港口) 배가 안전하게 드나들고 사람이나 짐을 오르고 내리는 장소.

병 병

병원균(病原菌) 병의 원인이 되는 균.

병리학(病理學) 병의 본질적 성질을 연구하는 의학
의 한 분야.

가까울 근

근간(近間)   지금까지의 가까운 얼마 동안.

근대(近代)   지난 지 얼마 되지 않는 가까운 시대.

10월

사내 남

남성(男性)　　성의 측면에서 남자를 이르는 말.

남매(男妹)　　오빠와 누이.

기술

장인 공

공업(工業)   원료를 가공하여 인간 생활에 유용한 물자를 생산하는 산업.

공학(工學)   공업 분야를 발전시키기 위해 활용되는 응용과학을 연구하는 학문.

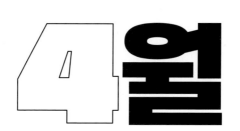

수레 차

승합차(乘合車)   여러 사람을 태울 수 있게 만든 자동
차.

전기차(電氣車)   전기의 힘으로 움직이는 자동차.

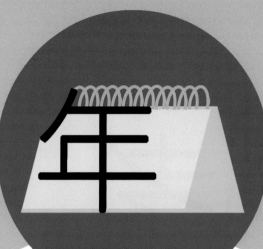

해 년

내년(來年)   올해의 바로 다음에 오는 해.

송년(送年)   묵은 한 해를 보냄.

효도 효

| **효심(孝心)** | 부모를 섬기고 공경하는 마음. |
| **충효(忠孝)** | 충성과 효도를 아울러 이르는 말. |

여자 녀

여성(女性)   성의 측면에서 여자를 이르는 말.

모녀(母女)   어머니와 딸.

다닐 행

선행(善行) 착한 행실.

여행(旅行) 자기가 사는 곳을 떠나 유람함.

농사 농

농업(農業)　　토지를 이용하여 동식물을 길러 생산물을 얻어내는 산업.

농림(農林)　　농업과 임업을 이르는 말.

다행 행

소확행(小確幸)   작지만 확실한 행복.

행복(幸福)   생활에서 기쁨과 만족감을 느껴 흐뭇한
상태.

 큰 대

대학(大學)　최고급의 공공 교육 및 연구 기관.

강대국(强大國)　부강하고 큰 나라.

주인 주

주관(主觀)	자기만의 견해나 관점.
주권(主權)	가장 중요한 권리.

견원지간

犬 猿 之 間

개 **견**　원숭이 **원**　갈 **지**　사이 **간**

• 사이가 매우 나쁜 관계.

이구동성

異 口 同 聲

다를 **이**   입 **구**   한가지 **동**   소리 **성**

• 입은 다르나 목소리는 같음.
• 여러 사람의 말이 한결같음을 이르는 말.

대한민국~!!

명불허전

名 不 虛 傳

이름 **명**　아닐 **부**　빌 **허**　전할 **전**

- 명성이나 명예가 헛되이 퍼진 것이 아님.
- 이름날 만한 까닭이 있음을 이르는 말.

속수무책

束 手 無 策

묶을 **속**　손 **수**　없을 **무**　꾀 **책**

• 어찌할 도리나 방책이 없어 꼼짝 못함.

대신할 대

세대(世代)   같은 시대에 공통의 의식을 가지는 비슷한 나이의 사람들.

시대(時代)   어떤 기준에 의하여 구분한 일정한 기간.

정할 정

긍정(肯定)　　　어떤 생각이나 사실을 옳다고 인정함.

고정관념(固定觀念)　　　마음속에 굳어 있어 변하지
않는 생각.

來

올 래

거래(去來)   상품을 사고팔거나, 서로 돈을 융통함.

미래(未來)   다가올 날이나 때.

바를 정

정의(正義)   사회나 공동체를 위한 바른 도리.

부정(不正)   바르지 않거나 옳지 못함.

利

이로울 이

권리(權利) 정당하게 주장하고 행사할 수 있는 힘과
자격.

이익(利益) 정신적, 물질적으로 이롭고 보탬이 되는
일.

스스로 자

자신(自身)　그 사람의 몸 또는 바로 그 사람을 이르는 말.

자존심(自尊心)　남에게 굽히지 않고 자신의 가치나 품위를 지키려는 마음.

마을 리

이정표(里程標) 발전 과정에 있어서, 지침이 될 만한 사건을 비유적으로 이르는 말.

이장(里長) 지방 행정 구역인 '리'의 사무를 맡아보는 사람.

한일

동일(同一)	구별됨이 없이 똑같음.
균일(均一)	한결같이 고름.

성씨 이

행리(行李)   여행할 때 쓰이는 물건과 차림.

이화문(李花紋)   대한제국의 황실 문장.

뜻 의

결의(決意)	굳게 마음을 먹고 뜻을 정함.
고의(故意)	일부러 하는 행동이나 생각.

목숨 명

수명(壽命)   생물의 목숨.

명중(命中)   화살이나 총 따위가 겨냥한 곳에 바로 맞음.

말미암을 유

자유(自由)   무엇에 얽매이지 않고 자신 뜻에 따라 행동하는 것.

이유(理由)   어떤 일을 일어나게 하는 까닭이나 근거.

사회

어머니 모

모친(母親)   어머니를 정중히 이르는 말.

모국(母國)   다른 나라에 있을 때, 자기가 태어난 나
라를 이르는 말.

있을 유

소유(所有)   자기 것으로 가짐.

유명인(有名人)   세상에 이름이 널리 알려진 사람.

사회

아버지 부

부모(父母)	아버지와 어머니.
사부(師父)	스승을 높여 이르는 말.

날랠 **용**

용기(勇氣)   굳세고 씩씩한 기운.

용단(勇斷)   용기 있게 결단을 내림.

지아비 부

공부(工夫)	학문이나 기술 등을 배우고 익힘.
부부(夫婦)	결혼한 남녀.

마음심

욕심(欲心)   어떠한 것을 지나치게 탐내거나 누리고
자 하는 마음.

인내심(忍耐心)   괴로움이나 어려움 따위를 참고 견
디어 내는 마음.

사
회

모일 사

사회(社會)　　공동생활을 하는 사람들의 조직화된 집
　　　　　　　　단이나 세계.

회사(會社)　　영리를 목적으로, 상법에 근거하여 설립
　　　　　　　　된 단체.

失

잃을 실

실수(失手)   부주의로 잘못을 저지름.

실례(失禮)   말이나 행동이 예의에 어긋남.

과유불급

過 猶 不 及

지날 **과** 오히려 **유** 아니 **불** 미칠 **급**

• 정도를 지나침은 미치지 못한 것과 같음.

인산인해

人 山 人 海

사람 **인**　메 **산**　사람 **인**　바다 **해**

- 사람이 산을 이루고 바다를 이룸.
- 사람이 수없이 많이 모인 상태를 이르는 말.

묵묵부답

黙 黙 不 答

묵묵할 **묵** 묵묵할 **묵** 아닐 **부** 대답 **답**

• 잠자코 아무 대답도 하지 않음.

일석이조

一 石 二 鳥

한 **일**　돌 **석**　두 **이**　새 **조**

- 돌 하나로 두 마리의 새를 잡음.
- 한 가지 일로 두 가지 이득을 취하는 말.

 눈 설

설원(雪原)　　눈이 녹지 않고 늘 쌓여 있는 지역.

적설량(積雪量)　　내린 눈이 지면에 쌓여 있는 양.

귀신 신

신경(神經)	어떤 자극에 반응하는 마음이나 감각의 작용.
정신(精神)	사물을 느끼고 생각하며 판단하는 능력.

성씨 성

성명(姓名)   성과 이름.

백성(百姓)   예전에, 벼슬이 없는 상민을 이르던 말.

勝

이길 승

승리(勝利)   겨루거나 싸워서 이김.

승패(勝敗)   승리와 패배를 아울러 이르는 말.

인간 세

세계(世界)   지구 위의 모든 나라.

세상(世上)   생명체가 살고 있는 지구.

익힐 習

관습(慣習) 한 사회에서 역사적으로 굳어진 행동 양
식이나 습관.

습관(習慣) 오랫동안 되풀이하여 몸에 익은 개인적
행동.

저자 시

도시(都市)	많은 인구가 모여 살며 정치, 경제, 문화의 중심이 되는 곳.
시민(市民)	시에 사는 사람.

살필 성

반성(反省)   자기 언행에 대해 잘못이나 부족함을 돌이켜봄.

성찰(省察)   자신의 일을 반성하며 깊이 살핌.

園

동산

공원(公園)   사람들이 쉬거나 운동 따위를 즐길 수 있
도록 마련된 공공녹지.

정원(庭園)   집 안에 있는 뜰이나 꽃밭.

아닐 부/불

부조리(**不條理**) 이치나 도리에 맞지 않음.

불신(**不信**) 어떤 대상을 믿지 아니함.

사람 인

인간(人間)	직립 보행을 하며, 사고와 언어 능력을 바탕 으로 문명과 사회를 이루고 사는 고등 동물.
인격(人格)	사람의 됨됨이.

근본 본

근본(根本)	사물이나 생각 따위가 생기는 본바탕.
기본(基本)	어떤 것을 이루기 위해 가장 먼저 하는 것.

場

마당 **장**

시장(市場) 물건을 사고파는 장소.

극장(劇場) 영화나 공연을 볼 수 있는 건물.

화할 화

평화(平和)   전쟁이나 갈등이 없이 평온함.

화해(和解)   갈등과 다툼을 그치고 나쁜 감정을 풂.

集

모을 집

집단(集團)　　여럿이 모여 이룬 무리나 모임.

집회(集會)　　여러 사람이 공동의 목적을 위하여 일시
　　　　　　　　적으로 모임.

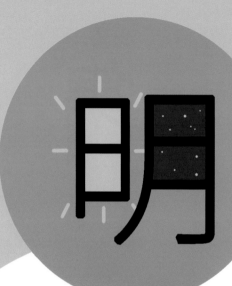

밝을 명

변명(辨明)	잘못이나 실수에 대하여 구실을 대며 까닭을 말함.
현명(賢明)	지혜롭고 사리에 밝음.

날출

출입(出入)   어떤 곳을 드나듦.

출생(出生)   사람이 세상에 태어남.

理

다스릴 리

도리(道理)　　마땅히 행해야 할 바른길.

비리(非理)　　이치에 어긋나거나 도리에 맞지 않는 일.

수학

뿔 **각**

각도(角度)　　　각의 크기.

직각(直角)　　　두 직선이 만나서 이루는 90도의 각.

예도 예

예절(禮節)	예의와 범절을 아울러 이르는 말.
예의(禮儀)	예로써 나타내는 말투나 몸가짐.

괄목상대

刮 目 相 對

긁을 **괄**   눈 **목**   서로 **상**   대할 **대**

• 눈을 비비고 상대를 봄.
• 남의 학식이나 재주가 놀랄 만큼 부쩍 늚을 이르는 말.

며칠 사이에
실력이 부쩍 늘었구나!

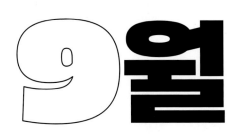

문전성시

門 前 成 市

문 **문**　앞 **전**　이룰 **성**　저자 **시**

• 찾아오는 사람이 많아
집 문 앞이 시장을 이루다시피 함을 이르는 말.

역지사지

易 地 思 之

바꿀 **역**　　땅 **지**　　생각 **사**　　갈 **지**

• 처지를 바꾸어서 생각하여 봄.

5월

십시일반

十 匙 一 飯

열 **십**　숟가락 **시**　한 **일**　밥 **반**

- 여러 사람이 조금씩 힘을 합하면 한 사람을 돕기 쉬움을 이르는 말.
- 사찰에서 식구가 열 명이면 열 명 분량의 밥만 짓는 데서 유래함.

○ + ▲ = 計

셀 계

계량(計量) 분량이나 무게를 재서 알아냄.

통계(統計) 수집된 자료를 한눈에 알아보기 쉽게 체계화하여 숫자로 냄.

例

법식 례

규례(規例)　　지켜야 할 규칙과 정해진 관례.

사례(事例)　　이전에 실제로 일어난 예.

수학

$$3 \times 3 = 九$$

아홉 구

구구단(九九段) 곱셈에 쓰는 기초 공식.

십중팔구(十中八九) 열 가운데 여덟이나 아홉이
그렇다는 뜻.

道

길 도

도덕(道德)　　인간이 지켜야 할 도리나 바람직한 행동 규범.

효도(孝道)　　자식들이 어버이를 공경하고 잘 섬김.

答
3. ④
4. ⑤
5. ②
1. ①
2. ①

대답 답

해답(解答)　　맞닥친 문제나 현안에 대한 해결 방안.

정답(正答)　　어떤 문제에 대하여 옳은 답.

根

뿌리 근

근거(根據) 어떤 일이나 행동을 하는 데 터전이 되는 곳.

근성(根性) 뿌리가 깊게 박혀 고치기 힘든 성질.

等

무리 등

등호(等號)   두 식이나 두 수가 같음을 나타내는 부호.

등분(等分)   분량을 서로 똑같게 나눔.

共

한가지 공

공감(共感)   남의 주장이나 감정, 생각 따위에 찬성하
여 자기도 그렇다고 느낌.

공동체(共同體)   사람들이 공동으로 모여 만든 집단.

六

여섯 육

육각형(六角形)　　여섯 개의 모를 가지고 있는 평면 도형.

정육면체(正六面體)　　여섯 개의 면이 모두 정사각형인 평행 육면체.

쓸 고

고생(苦生)　어렵고 고된 일을 겪음.

고민(苦悶)　마음속으로 괴로워하며 속을 태움.

일만 만

일만(一萬)   천의 열 배가 되는 수.

만일(萬一)   혹시 있을지도 모르는 뜻밖의 경우.

한국 한

대한민국(大韓民國) 한반도와 그 부속 도서를
영토로 하는 민주 공화국.

한반도(韓半島) 남한과 북한을 지리적인 특성으로
묶어 이르는 말.

面

낮 면

면적(面積) 평면이나 구면이 차지하는 넓이의 크기.

구면(球面) 공과 같이 둥글게 생긴 물체의 표면.

클

태고(太古)　　　아주 오랜 옛날.

황태자(皇太子)　　황제의 자리를 이을 아들을 이르던
　　　　　　　　　　말.

반 반

반원(半圓)　　　원을 지름을 기준으로 이등분한 한쪽 부분.

절반(折半)　　　하나를 둘로 똑같이 나눔.

겨레 족

귀족(貴族) 혈통, 문벌, 공적 등에 의해 정치적, 사회적 특권을 가지게 된 사람.

백의민족(白衣民族) 흰색 옷을 자주 입었다는 것에 유래한 우리 민족의 별칭.

수학

떼 부

부분(部分)   전체를 몇 개로 나눈 것의 하나.

전부(全部)   어떤 대상을 이루는 낱낱의 전체.

조상 조

시조(始祖)   한 겨레의 가장 처음이 되는 조상.

조국(祖國)   자기가 태어난 나라.

分 = ÷

나눌 분

분수(分數) 한 수를 다른 수로 나눈 몫을 'b분의 a'로 나타낸 것.

분산(分散) 따로따로 흩어짐.

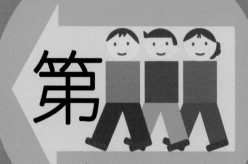

차례 **제**

급제(及第)   과거에 합격함.

제삼국(第三國)   직접적으로 이해관계가 있는 당사국
이 아닌 다른 나라.

호시탐탐

虎 視 眈 眈

범 호　　볼 시　　노려볼 탐　노려볼 탐

- 범이 먹이를 노려봄.
- 남의 것을 뺏기 위하여 기회를 노리는 모양을 비유하는 말.

어불성설

語 不 成 說

말씀 **어**   아닐 **불**   이룰 **성**   말씀 **설**

• 말이 조금도 사리에 맞지 아니함.

박학다식

博 學 多 識

넓을 **박**　배울 **학**　많을 **다**　알 **식**

• 학식이 넓고 아는 것이 많음.

우아, 교수님은 정말 학식이 넓으시고 많은 것을 알고 계셔.

죽마고우

竹 馬 故 友

대 **죽**   말 **마**   연고 **고**   벗 **우**

- 대나무 말을 타고 놀던 오랜 친구.
- 어릴 때부터 가까운 친구를 이르는 말.

수학

넉 **사**

사칙연산(四則演算)   덧셈, 뺄셈, 곱셈, 나눗셈의
네 가지 셈법.

사각형(四角形)   네 개의 꼭짓점이 있고 네 개의 선분
으로 둘러싸인 평면 도형.

싸움 전

전쟁(戰爭)　나라나 단체들 사이에서 무력을 써서 행하는 싸움.

휴전선(休戰線)　휴전 협정에 따라서 결정된 쌍방의 군사상의 분계선.

수학

셈산

계산(計算)   주어진 수나 식을 연산의 법칙에 따라 처리하여 수치를 구함.

암산(暗算)   셈이나 수식을 머릿속으로 계산함.

外

바깥 외

외교(外交) 국가의 이익을 위해 외국과의 관계를 유지하고 발전시키는 활동.

해외(海外) 바다 밖이라는 뜻으로, 다른 나라를 이르는 말.

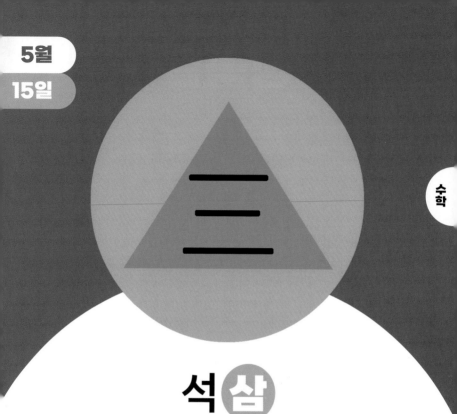

석삼

삼각형(三角形)　일직선 위에 있지 않은 세 점을 연결한 직선으로 이루어진 평면 도형.

삼분법(三分法)　대상이 되는 개념을 셋으로 나누는 구분 방법.

광복절

光 復 節

빛 **광** 회복할 **복** 마디 **절**

'광복절'은 '빛을 되찾은 날'이라는 뜻이랍니다.

대한독립만세

線

줄 선

곡선(曲線)   모나지 않고 굽은 선.

대각선(對角線)   다각형에서 이웃하지 않는 두 꼭짓
점을 잇는 선분.

임금 **왕**

왕권(王權)　　임금이 지닌 권력이나 권리.

왕릉(王陵)　　왕의 무덤.

작을소

소수(小數)	0보다 크고 1보다 작은 실수.
최소(最小)	가장 작음.

民

백성 민

국민(國民) 한 나라의 통치권 아래에 있는 사람.

민주주의(民主主義) 국민이 권력을 가짐과 동시에 스스로 권리를 행사하는 정치 형태.

셈 수

수학(數學)　　수와 양 및 공간의 성질에 관하여 연구하
　　　　　　　는 학문.

수치(數値)　　계산하여 얻은 값.

안 내

궁내(宮內)   대궐의 안.

내각(內閣)   국가의 행정권을 담당하는 최고 합의 기
관.

2+2=4

2-2=0

법식

공식(公式)   연산의 방법, 수학적 정리 따위를 문자와
기호를 써서 일반화하여 나타낸 식.

등식(等式)   두 개 이상의 식이나 문자, 수가 등호로
이어진 것.

旗

기 기

태극기(太極旗)   우리나라의 국기.

오륜기(五輪旗)   올림픽대회에 쓰이는 기.

수학

열 십

십진법(十進法)   수를 셀 때에 0, 1, 2, 3, 4, 5, 6, 7, 8, 9
를 써서 열씩 모일 때마다 한 자리씩 올
려 세는 방법.

수십(數十)   '십'의 여러 배가 되는 수.

나라 국

건국(建國)　　　나라를 세움.

삼국사기(三國史記)　　　김부식이 엮은 신라, 고구려,
백제 세 나라의 역사를 기록
한 책.

수학

곧을 직

직선(直線) 두 점 사이를 가장 짧은 거리로 연결한 선.

수직(垂直) 직선과 직선, 직선과 평면, 평면과 평면 등이 만나 서로 직각을 이루는 상태.

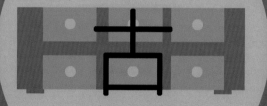

옛 고

고고학(考古學) 유적과 유물을 통하여 옛 인류의 생
활과 문화를 연구하는 학문.

고궁(古宮) 옛 궁궐.

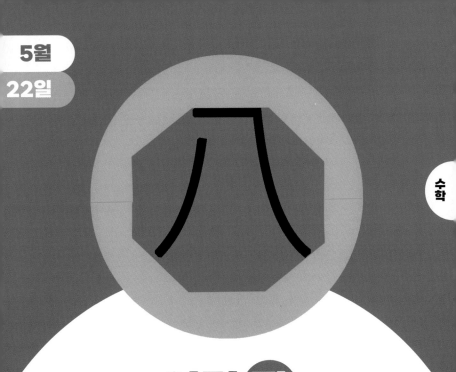

여덟 팔

사방팔방 (四方八方)　모든 방향과 모든 방면.

팔각형(八角形)　여덟 개의 꼭짓점을 잇는 선분으로 둘러싸인 평면 도형.

지경 界

제삼세계(第三世界)　　제2차 세계 대전 후, 아시아, 아프리카, 라틴 아메리카 따위의 개발 도상국을 이르는 말.

각계각층(各界各層)　　사회 각 방면의 여러 계층.

오리무중

五 里 霧 中

다섯 **오**   마을 **리**   안개 **무**   가운데 **중**

- 다섯 리(里)나 되는 안개 속.
- 어떠한 일의 진행에 대하여 예측할 수 없음을 뜻하는 말.

서울 경

왕경(王京)	일반적으로 임금이 거주하는 거소 내지는 수도.
경향(京鄕)	수도와 지방.

반신반의

半 信 半 疑

반 **반**　　믿을 **신**　　반 **반**　　의심할 **의**

· 얼마쯤 믿으면서도 한편으로는 의심함.

심기일전

心 機 一 轉

마음 심 　 틀 기 　 한 일 　 구를 전

• 어떤 동기가 있어 이제까지 가졌던
마음가짐을 버리고 완전히 달라짐.

평평할 평

평균(平均)	여러 수치나 양의 중간 값을 갖는 수.
평면(平面)	일정한 표면 위에 있는 임의의 두 점을 지나는 직선이 항상 그 표면 위에 놓이게 되는 면.

감탄고토

甘 呑 苦 吐

달 **감** 삼킬 **탄** 쓸 **고** 토할 **토**

- 달면 삼키고 쓰면 뱉는 것을 뜻함.
- 자신의 비위에 따라서 사리의 옳고 그름을 판단함.

모양 형

도형(圖形)	점, 선, 면 따위가 모여 이루어진 사각형이나 원, 구 따위의 것.
원형(圓形)	둥근 모양.

군사 군

광복군(光復軍) 일제 강점기 우리나라의 독립을 위
하여 투쟁하는 군대.

십자군(十字軍) 중세 유럽에서 종교의 명분으로 감
행한 대원정.

높을 고

고기압(高氣壓) 주위에 영역에 비해 기압이 상대적으로 높은 구역.

고속(高速) 매우 빠른 속도.

골동

동굴(洞窟)　　　땅이 넓고 깊게 파여 들어가 있는 구멍.

동내(洞內)　　　동네의 안.

과학

빌 공

진공(眞空)　　공기 따위의 물질이 전혀 존재하지 않는
　　　　　　　　공간.

공기(空氣)　　지구를 둘러싼 대기의 여러 가지 기체의
　　　　　　　　혼합물.

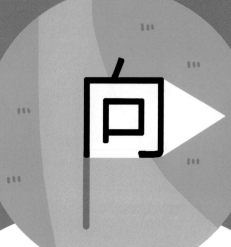

향할 향

풍향(風向)   바람이 불어오는 방향.

쌍방향(雙方向)   양쪽을 서로 향하는 것.

빛 광

광원(光源) 스스로 빛을 발하는 물체를 통틀어 이르는 말.

광년(光年) 빛이 진공 속을 일 년 동안 진행하는 거리를 나타내는 단위.

村

마을 촌

촌락(村落)	시골의 마을.
지구촌(地球村)	문명의 발달로 지구를 한마을처럼 생각하여 쓰는 말.

球

공**구**

지구(地球)   인류가 살고 있는 천체.

전구(電球)   전기의 힘으로 빛을 내는 기구.

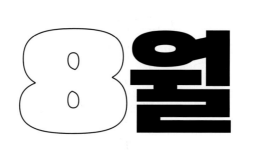

쇠 금

금속(金屬)   열과 전기를 전도하고 다양한 성질이 풍부하며, 특유의 광택을 가진 물질.

도금(鍍金)   용도에 따라 표면에 금, 은, 니켈 따위의 얇은 막을 입힘.

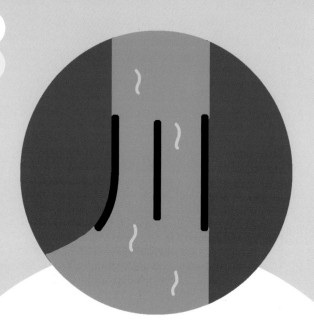

내 천

하천(河川)　육지 표면에서 흐르는 큰 물줄기.

계천(溪川)　시내나 평지에 흐르는 작은 물줄기.

일천 천

삼천리(三千里)   우리나라 전체를 비유적으로 이르는
말.

천인(千仞)   천 길이라는 뜻으로, 산이나 바다가 아주
높거나 깊음을 이르는 말.

과학

氣

기운 기

기압(氣壓)　　대기의 무게로 대지의 표면에 생기는 압력.

기후(氣候)　　기온, 비, 눈, 바람 따위의 대기 상태.

왼 좌

좌회전 (左回轉) 왼쪽으로 돎.

좌측면 (左側面) 왼쪽 방면.

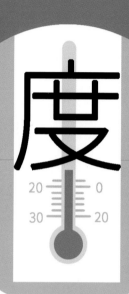

度

법도 도

가속도(加速度)   단위 시간에 대한 속도 증가의 비율.

농도(濃度)   용액이나 기체, 고체 혼합물에 들어 있는
구성 성분의 진한 정도.

고을 읍

읍내(邑內) 읍, 면 소재지의 가장 번화한 거리나 그 주변 지역.

도읍(都邑) 예전에 한 나라의 수도를 이르던 말.

겨울 동

동면(冬眠)   겨울이 되면 동물이 활동을 중단하고 땅 속이나 동굴 따위에서 겨울을 보내는 일.

동지(冬至)   일 년 중 낮이 가장 짧고 밤이 가장 길다 는 날.

右

오른쪽 우

우측(右側)   북쪽을 향하였을 때 동쪽과 같은 쪽.

전후좌우(前後左右)   앞과 뒤, 왼쪽과 오른쪽.

금상첨화

錦 上 添 花

비단 **금**   윗 **상**   더할 **첨**   꽃 **화**

- 비단 위에 꽃을 더함을 뜻함.
- 좋은 것에 좋은 것이 더하여져 더욱 좋아지는 것을 비유하는 말.

洋

큰 바다 양

동양(東洋)   유럽 대륙 동쪽에 있는 아시아 지역.

서양(西洋)   유럽 대륙과 북아메리카의 여러 나라를
이르는 말.

산해진미

山 海 珍 味

메 산　바다 해　보배 진　맛 미

• 산과 바다에서 나는 온갖 진귀한 물건으로 차린,
맛이 좋은 음식.

시종일관

始 終 一 貫

비로소 **시** 마칠 **종** 한 **일** 꿸 **관**

- 일 따위를 처음부터 끝까지 한결같이 함.

현충일

顯 忠 日

나타날 **현** 충성 **충**   날 **일**

'현충일'은 '나라에 충성한 사람들을 기리는 날'이라는 뜻이랍니다.

적반하장

賊 反 荷 杖

도둑 **적**　돌이킬 **반**　꾸짖을 **하**　지팡이 **장**

- 도둑이 도리어 매를 드는 것을 뜻하는 말.
- 잘못한 사람이 아무 잘못도 없는 사람을 나무람.

動

움직일 동

동력(動力) 　전력, 수력, 풍력 따위의 에너지를 변환
　　　　　　하여 일으킨 힘.

동물(動物) 　생물을 둘로 구분했을 때의 하나로, 길짐
　　　　　　승, 날짐승, 사람, 벌레 따위를 통틀어 이
　　　　　　르는 말.

바소

대피소(待避所) 비상시에 대피할 수 있도록 만들어
놓은 곳.

공공장소(公共場所) 여러 사람이나 단체가 함께
이용되는 곳.

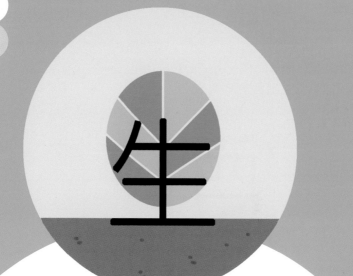

날 **생**

생명(生命)	유기체가 태어나서 죽을 때까지의 살아 있는 상태.
생물(生物)	생명을 가지고 스스로 살아가는 것.

西

서녘 서

동서(東西)   동양과 서양을 아울러 이르는 말.

서해(西海)   우리나라와 중국 동부 해안 사이에 있는
바다.

과학

돌 석

화석(化石) 동식물의 흔적이 퇴적암 따위의 암석 속
에 그대로 남아 있는 것.

운석(隕石) 유성이 대기 중에서 타지 않고 땅 위로
떨어진 것.

上

윗 상

| 상공(上空) | 높은 하늘. |
| 해상(海上) | 바다 위. |

빠를 속

속력(速力)　　이동하는 빠르기의 힘.

감속(減速)　　물체의 속도를 더 줄임.

메산

산간(山間) 산과 산 사이.

산맥(山脈) 큰 산들이 한 방향으로 길게 뻗쳐 있는
줄기.

과학

물 수

강수량(降水量) 일정한 지역에 비, 눈, 우박 따위의
형태로 내린 물의 총량.

수증기(水蒸氣) 물이 증발하여 기체 상태로 된 것.

북녘 북

북반구(北半球) 적도를 중심으로 지구를 둘로 나누었을 때 북쪽 부분에 해당하는 지역.

북극성(北極星) 작은곰자리의 가장 밝은 별.

과학

때 時

시간(時間)	과거, 현재, 미래로 이어져 무한히 연속되는 흐름.
시각(時刻)	흐르는 시간상의 한순간.

別

나눌 **별**

별관(別館) 본관 외에 따로 지은 건물.

특별시(特別市) 지방 자치 단체의 하나.

植

심을 식

식목(植木)   나무를 심음.

식물(植物)   생물 중에서 동물과 구별되는 한 일군.

제헌절

制 憲 節

절제할 **제**　법 **헌**　마디 **절**

'제헌절'은 '법을 만들어서 정한 날'이라는 뜻이랍니다.

野

들 **야**

야생(野生) 사람의 손이 가지 않고 자연에서 저절로 나서 자람.

임야(林野) 숲과 들을 아울러 이르는 말.

차례 번

번지(番地)	땅을 일정한 기준에 따라 나누어 그 각각에 매긴 번호.
번호(番號)	차례를 나타내기 위해 매겨진 숫자.

陽

볕 양

양지(陽地)   햇볕이 바로 드는 곳.

태양계(太陽系)   태양을 중심으로 공전하는 여러 천
체의 모임.

모 방

방향(方向) 어떤 곳을 향한 쪽.

방위(方位) 동, 서, 남, 북의 네 방향을 기준으로 나타
내는 위치.

그럴 연

돌연변이(突然變異)　　생물의 새로운 형질이 갑자기 출현하는 현상.

자연(自然)　　사람의 힘을 더하지 않은 저절로 된 그대로의 현상.

수풀 림

산림(山林)　수목이 집단적으로 생육하고 있는 산이나 숲.

우림(雨林)　적도 상우대 안에 드는 무성한 열대 식물의 숲.

사필귀정

事 必 歸 正

일 **사**　반드시 **필**　돌아갈 **귀**　바를 **정**

- 모든 일은 반드시 바른길로 돌아가게 됨을 뜻하는 말.
- 비슷한 사자성어로 인과응보(因果應報)가 있음.

동녘 동

동해(東海)   우리나라 동쪽의 바다.

극동(極東)   아시아 대륙의 동쪽 끝.

설왕설래

說 往 說 來

말씀 설　갈 왕　말씀 설　올 래

• 서로 변론을 주고받으며 옥신각신함.

솔선수범

率 先 垂 範

거느릴 **솔**   먼저 **선**   드리울 **수**   법 **범**

• 남보다 앞장서서 행동해서 몸소 다른 사람의 본보기가 됨.

午

낮 오

자오선(子午線) 천구의 북극과 남극을 지나 적도와
수직으로 만나는 큰 원.

오전(午前) 밤 열두 시부터 낮 열두 시까지의 동안.

진퇴양난

進 退 兩 難

나아갈 **진** 물러날 **퇴** 두 **양** 어려울 **난**

- 이러지도 못하고 저러지도 못하는 매우 곤란한 상태.
- 비슷한 사자성어로 사면초가(四面楚歌)와 고립무원(孤立無援)이 있음.

溫

따뜻할 온

냉온(冷溫)　　찬 기운과 따뜻한 기운.

온도계(溫度計)　　물체의 온도를 측정하는 기구.

路

길 로

도로(道路)　사람이나 차 따위가 다닐 수 있도록 땅 위에 만들어 놓은 길.

항로(航路)　선박이 정기적으로 지나다니는 바닷길.

遠

멀 **원**

망원경(望遠鏡)   먼 곳의 물체를 확대하여 보이도록
만든 기계.

원심력(遠心力)   물체가 원운동을 할 때 중심으로부
터 바깥쪽으로 작용하는 힘.

남녘 남

남대문(南大門) 조선 시대, 한양 도성의 남쪽 성문.

남극(南極) 남극점을 중심으로 하는 넓은 대륙.

月

달 월

월식(月蝕)	달의 일부 또는 전체가 지구의 그림자에 가려서 보이지 않게 되는 현상.
월석(月石)	달의 표면에 있는 암석.

고을 군

군청(郡廳)   군의 행정 사무를 맡아보는 기관.

군계(郡界)   군과 군 사이의 경계.

쓸 용

용수(用水)   관개, 공업, 발전, 방화 따위에 쓰이는 물.

작용(作用)   어떤 현상이나 운동을 일으킴.

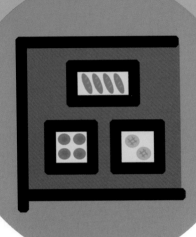

구분할 구

구간(區間)　　어떤 지점과 지점의 사이.

구역(區域)　　갈라놓은 경계 안의 지역.

銀

은**은**

수은(水銀) 상온에서 유일하게 액체 상태로 있는 은 백색의 금속 원소.

은하(銀河) 천구 상에 남북으로 길게 보이는 수억 개 의 항성 무리.

江~~~~

강 강

한강(漢江)	우리나라 서울을 중심으로 중부를 지나 서해로 흐르는 강.
강변(江邊)	강물이 뭍에 잇닿는 언저리 부근.

번개 전

전기(電氣)   전자의 이동으로 생기는 에너지.

전류(電流)   전하가 도선을 따라 흐르는 현상.

바람 풍

태풍(颱風) 북태평양 남서부에서 발생하여 아시아 대륙으로 불어오는 열대성 저기압.

풍력발전(風力發電) 바람의 힘으로 발전기를 돌려 전기를 일으키는 방법.

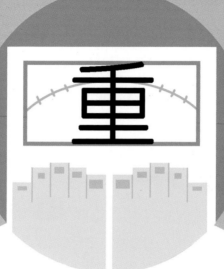

무거울 중

중량(重量) 무거운 정도.

중력(重力) 지표 부근에 있는 물체를 지구의 중심 방향으로 끌어당기는 힘.

과학

海

바다 해

심해(深海) 빛이 닿지 않는 깊은 바다.

해수(海水) 바닷물.

땅 지

지진(地震)	지각이 일정한 기간 동안 갑자기 흔들리며 움직이는 것.
지형(地形)	땅의 생긴 모양.

특별할 특

특성(特性)　　한 대상을 특징짓는 고유한 성질.

특효약(特效藥)　　어떤 병에 대하여 특별한 치료 효과
를 내는 약.

天

하늘천

천체(天體)　　우주 공간에 떠 있는 온갖 물체를 통틀어 이르는 말.

천문대(天文臺)　　천체의 현상을 조직적으로 관측하고 연구하는 시설.

흙 토

토양(土壤)	흙, 모래, 점토가 알맞게 섞인 흙.
토종(土種)	예부터 그 지역에서 나거나 자라는 동물이나 식물.

동상이몽

同 床 異 夢

한가지 **동** 평상 **상** 다를 **이** 꿈 **몽**

- 한 자리에서 같이 자면서도 서로 다른 꿈을 꿈.
- 같은 상황에서 서로 달리 생각함을 뜻함.

과학

일곱 칠

북두칠성(北斗七星)   큰곰자리의 일곱 개의 별.

칠대양(七大洋)   지구에 있는 일곱 개의 큰 바다.

속전속결

速 戰 速 決

빠를 **속**   싸움 **전**   빠를 **속**   터질 **결**

- 싸움을 오래 끌지 아니하고 빨리 몰아쳐 이기고 짐을 결정함.
- 어떤 일을 빨리 진행하여 빨리 끝냄을 비유적으로 이르는 말.

7월